Daum 요리앤라이프 02

일주일 밑반찬

일주일 밑반찬

1판 1쇄 인쇄_2015.09.23.
1판 1쇄 발행_2015.10.15.

지은이_오지연(행복한 요리사)
발행인_홍성찬
사진_한정수(studio etc. 02-3442-1907)
본문 스타일링_김지현
표지 일러스트_박경연(pencil747@naver.com)
표지 및 본문 디자인_ALL design(02-776-9862)

발행처_인사이트북스
출판신고_2009년 6월 5일 제25100-2009-0017호
주소_서울특별시 강북구 삼양로169길 34-12(우이동, 142-871)
대표전화_070)8112-0846
팩시밀리_02)906-9888
이메일_insightbooks@hanmail.net

ⓒ오지연(행복한 요리사) 저작권자와 맺은 특약에 따라 검인을 생략합니다.
ISBN 978-89-98432-44-7 13590

DaUm 요리앤라이프 02

주말에 준비해 두면 일주일이 든든한 맛깔 밑반찬!

일주일 밑반찬

오지연_행복한요리사

인사이트
북스

신혼생활을 충청도 양반을 자처하는 시댁의 종부로 출발하면서 저의 직업은 전업주부가 되었습니다. 시간의 흐름 속에 살림살이도 익숙해지고 직업의식도 생겼습니다. 남편의 직장이 바뀔 때마다 인연이 된 사람들과 다른 풍속들에 순응해 갈 무렵 다문화 가정과의 만남은 또 하나의 가족으로 승화되는 계기가 되었습니다. 때론 친정엄마가 되기도 하고 때론 이웃집 언니가 되어 정을 나누는 사이에 식구가 된 것이지요.

다문화가정 요리교실을 운영한 지 수년쯤 지났을 때 제게 터닝포인트가 될 제안이 들어왔습니다. 요리 실연을 할 때는 잘할 수 있을 것 같은데 집에서 막상 혼자 해 보려면 잘 안 되니 인터넷에 올려 줄 수 없냐는 것이었습니다. 제가 블로그를 시작한 계기였지요.

요리를 하는 것보다 사진을 찍어 컴퓨터에 올리는 일이 훨씬 더 힘들고 어려웠습니다. 처음엔 다문화 가정들이 봐야 한다는 책임감 때문에 힘들어도 멈출 수 없었고 그렇게 계속되다 보니 매일 찾아 주는 블친들과의 교류가 확대되면서 어느덧 5년이란 세월이 흘렀습니다.

그렇게 올린 요리가 1600여 품이 되었고 Daum의 추천을 받아 인사이트북스를 통해 〈일주일 밑반찬〉 책을 출판하자는 제의까지 받게 되었습니다. 많이 망설였지만 살면서 평범한 전업주부가 무언가를 기록으로 남길 수 있다는 것도 귀한 인연이니 도전해 보라는 남편의 격려에 용기를 냈습니다. 한 번도 접촉해 본 적 없는 저를 추천해 주신 Daum 관계자 분들께 먼저 감사를 드립니다.

다문화가정 요리교실을 운영하면서 저에게 '행복한 요리사'라는 호칭을 갖게 해 준 모든 분들께 이 책으로 고마움을 전하고 싶었습니다.
잊지 않고 '사랑의 밥상'을 방문해 주시는 블친 여러분께도 진심 어린 감사를 올립니다. 인사이트북스 관계자 여러분의 친절한 배려와 정성 어린 감수 덕분에 책으로 나올 수 있게 된 점을 치하 드립니다.
매일 블로그의 제목을 달아 준 나의 가장 사랑스런 보배 딸 은지에게 엄마의 밑반찬을 전수해 줄 수 있는 계기가 된 것도 큰 기쁨입니다.

끝으로 이 책을 읽어 주실 독자 여러분께 부탁드립니다. 저는 요리 전문가도 학자도 아닌 이 시대 평범한 월급쟁이 남편을 뒷바라지하는 한국의 아줌마일 뿐입니다. 친정엄마의 또 친정엄마 그 윗대 족보도 없는 이 땅의 어머니들 손맛이 면면히 이어온 우리 고유의 밑반찬입니다. 살림이라는 경험 속에 묻혀 버릴지도 모를 추억의 편린으로 엮은 졸저라는 점을 혜량하여 어여삐 보아 주실 것을 부탁드립니다.

2015년 사랑의 밥상

행복한 요리사 오지연 올림

Contents

프롤로그 _ 5

구운 달걀 장조림 _ 010

표고버섯 청경채 볶음 _ 012

새송이버섯 피클 _ 014

풋고추 된장무침 _ 016

종합 오징어 조림 _ 018

마늘종무침 _ 020

참치 채소볶음 _ 022

비트 양파 장아찌 _ 024

깻잎김치 _ 026

새우젓 애호박나물 _ 028

영양부추무침 _ 030

북어채 고추장볶음 _ 032

브로콜리 느타리버섯볶음 _ 034

간장 무장아찌 _ 036

어린잎 채소 두부무침 _ 038

꽈리고추 멸치조림 _ 040

잔멸치 콩조림 _ 042

다시마 오이무침 _ 044

마늘종 보리새우볶음 _ 046

실파 달걀볶음 _ 048

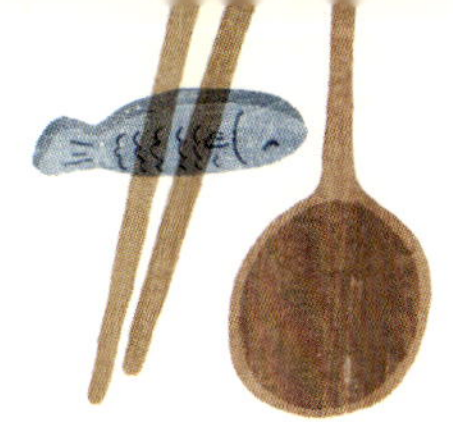

오징어 고추장구이 _ 050

오이갑장과 _ 052

새우 호박나물 _ 054

뱅어포볶음 _ 056

연근 호두 마늘조림 _ 058

참치 두부 고추장 _ 060

마른고추 두부볶음 _ 062

매운 가지 무침 _ 064

도라지조림 _ 066

잔멸치 견과볶음 _ 068

애느타리버섯 고추장볶음 _ 070

구운 호박무침 _ 072

뱅어포 통마늘구이 _ 074

황태강정 _ 076

목이버섯 파프리카볶음 _ 078

건홍합조림 _ 080

마른 새우볶음 _ 082

돼지안심살 꽈리고추조림 _ 084

더덕 밤 무침 _ 086

쥐포볶음 _ 088

에필로그_ 행복한 요리사 Q&A _ 090

행복한 요리사의 계량법

- 〈일주일 밑반찬〉은 어른 숟가락 계량을 기본으로 합니다.
- 설탕이나 고추장, 다진 마늘, 다진 파 등은 깎지 말고 자연스럽게 쌓인 정도로 씁니다.
- 간장이나 식초 등 액체의 1숟갈은 흐르지 않을 정도로 담긴 양입니다.

설탕, 소금 등 가루 양념을 계량할 때

간장, 식초, 올리고당 등의 액체 양념을 계량할 때

고추장, 된장 등의 양념을 계량할 때

일러두기

- 한줌: 한손으로 가볍게 잡았을 때의 양
- 약간, 꼬집: 엄지와 검지로 집을 정도의 양
- 한소끔: 한번 팔팔 끓는 정도
- 1컵: 200ml 종이컵 : 일반 종이컵
- 기름: 포도씨유
- 소금: 고운 소금(천일염)
- 설탕: 백설탕
- 간장: 진간장

※집집마다 입맛이 다르므로, 매운맛과 짠맛의 정도는 기호에 따라 조절하여 요리하세요.

#Eggs

#Pepper

#Garlic

구운 달걀 장조림

imgredient

구운 달걀 8개 • 마늘 1컵 • 꽈리고추 2컵

조림장 물 3컵 • 간장 12순갈, 설탕 2순갈

how to make

1   속이 깊은 팬이나 냄비에 조림장 재료와 구운 달걀을 넣고 센불에서 한소끔 끓인다.

2   약한 불에서 은근하게 끓인다. 색이 나기 시작하면 마늘과 고추를 넣고 10분 정도 더 끓인다.

3   달걀은 먹기 좋은 크기로 잘라 고추, 마늘과 함께 접시에 담아 낸다.

구운 달걀 만들기

• 오븐에 굽기: ① 깨끗이 씻은 실온의 달걀을 쿠킹호일로 달걀이 보이지 않게 싼다. ② 250도에서 10분 예열한 후 50~60분 정도 굽는다.

• 전기 압력밥솥으로 굽기 ❶: ① 깨끗이 씻은 실온 달걀 10개를 준비한다. ② 물에 적신 면보를 깔고 그 위에 달걀을 올린 다음 잡곡 코스로 취사한다.

• 전기 압력밥솥으로 굽기 ❷: 만능찜 기능으로 35분 구워도 된다.

• 구운 달걀 대신 삶은 달걀로 만들어도 된다.

#Mushroom
#Bok choy
#Garlic

표고버섯 청경채 볶음

imgredient

불린 표고버섯 6장 • 청경채 5포기 • 마늘 4쪽 • 쪽파 2대 • 물녹말 2순갈 •
다시마물 2/3컵 • 포도씨유 적당량
양념장 간장 1순갈 • 두반장 1순갈 • 설탕 1/2순갈 •
맛술 1순갈 • 청주 1순갈 • 참기름 1/2순갈 • 후춧가루·통깨 약간

how to make

1   불린 표고버섯은 먹기 좋은 크기로 자른다. 청경채는 한 장씩 떼어 깨끗이
    씻고, 큰 잎은 2등분한다.

2   마늘은 편 썰기하고 쪽파는 송송 썬다.

3   팬에 포도씨유를 두른 후 먼저 마늘을 볶고, 표고버섯을 넣어 다시
    볶는다.

4   3에 다시마물을 넣어 한소끔 끓인 후 양념장을 부어 다시 한 번 끓인다.

5   4에 청경채를 넣어 살짝 볶은 후 물녹말을 넣어 걸쭉하게 만든다.

6   쪽파와 통깨를 뿌려 접시에 담는다.

다시마물 만들기
다시마는 깨끗한 젖은 천으로
닦아 내고 물을 끓인 다음 물에
담가 두었다가 우러나면 건져
낸다. 다시마 50g에 물 5-6컵
정도. 다시마물을 연하게 만들
고 싶다면 물을 더 추가한다.

물녹말 만들기
물:녹말=1:1

#Mushroom

#Pepper

새송이버섯 피클

ingredient

새송이버섯 4개 • 청양고추 4개 • 홍고추 2개

피클 양념 물 1컵 • 식초 1/2컵 • 간장 1/2컵 • 매실청 5순갈

how to make

1 밑동을 자른 새송이버섯은 흐르는 물에 씻어 물기를 제거하고 반으로 자른 다음 다시 1/4등분한다.

2 청양고추·홍고추는 모양대로 송송 썬다.

3 1, 2의 버섯과 고추를 피클 분량이 들어갈 만큼 큰 볼에 넣는다.

4 깊숙한 팬에 피클 양념을 넣고 한소끔 팔팔 끓인다.

5 4를 3에 뜨거운 상태에서 바로 붓는다.

6 버섯이 뜨지 않도록 접시로 눌러준 뒤 실온에 두었다가 냉장 보관한다.

매실청 만들기
① 매실은 깨끗이 씻어 물기를 제거하고 꼭지를 뗀다.
② 매실과 설탕을 1:1 비율로 섞어서 용기에 담는다.
③ 윗부분에 설탕을 더 뿌려 밀봉하고, 100일 정도 지나 과육과 청을 분리한다.

#Pepper

#Toenjang

풋고추 된장무침

ingredient

풋고추 1봉지(7개), 홍고추 1개 • 통깨 약간

무침양념 된장 1숟갈 • 고추장 1/2숟갈 • 고춧가루 1숟갈 • 다진 마늘 1/2숟갈 •
올리고당 1숟갈 • 참기름 1숟갈

how to make

1   고추는 깨끗이 씻어 꼭지를 제거한 뒤 양념이 잘 배도록 가위집을 넣는다.

2   볼에 무침양념을 만든다.

3   2에 1의 고추를 넣고 무친 다음 어슷 썰어 씨를 뺀 홍고추를 넣고
    버무린다.

4   접시에 담고 통깨를 뿌린다.

#Bean

#Imkfis

#pumpkin

종합 오징어 조림

  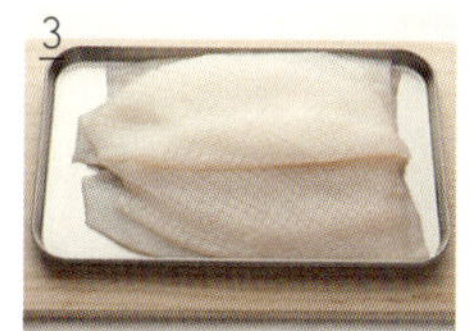 

ingredient

생땅콩·검은콩 각 100g • 물오징어 2마리(몸통) • 청양고추 5개 •
마늘 10개 • 미니 단호박 1/2통 • 당근 1/2개 • 참기름·통깨 약간씩
조림 양념 간장 1/2컵 • 청주 4순갈 • 맛술 2.5순갈 • 다시마멸치국물 1.5컵 •
설탕 2순갈 • 매실청 2순갈 • 저민 생강 2톨 • 마른 고추 3개

how to make

1   생땅콩이 잠길 정도로 물을 넣고 끓인다. 물이 끓어오르면 물을 버리고
    땅콩을 찬물에 헹군 다음 다시 한소끔 끓인다.

2   검은콩은 물에 불려 준비한다.

3   손질한 오징어는 칼집을 넣는다.

4   조림 양념에 저민 생강을 넣고 끓인다.

5   4에 땅콩과 검은콩, 마른 고추를 넣고 끓이다가 먹기 좋은
    크기(1.5×1.5cm)로 썬 단호박과 당근을 넣고 끓인다.

6   5에 3의 오징어를 굵게 채썰어 넣고 끓인 후 청양고추와 마늘을 넣고 한
    번 더 조린다.

7   6에 참기름과 통깨를 넣고 잘 섞어서 완성한다.

다시마멸치국물 만들기
다시 멸치 30g, 다시마 15g, 물
5~6컵
① 다시멸치는 내장을 빼고 팬
에서 볶은 다음 다시마를 넣고
한소끔 팔팔 끓인다.
② 다시마는 건져 내고 중불에
서 멸치 국물이 우러나올 때까
지 더 끓여 완성한다.

맛술
보통 '미림'을 사용했으나, 일반
청주를 써도 괜찮다. 미림은 요
리 전용 맛술로 고기를 부드럽
게 하고, 생선살을 단단하게 하
는 효과가 있다.

#The stalk of a garlic

마늘종무침

ingredient

마늘종 220g • 통깨 약간 • 소금 약간

양념 고추장 1숟갈 • 고춧가루 1숟갈 • 다진 마늘 1/3숟갈 • 설탕 1숟갈 •
식초 2숟갈 • 올리고당 1/2숟갈 • 깨소금 1/2숟갈 • 참기름 1/2숟갈

how to make

1   마늘종은 먹기 좋은 크기로 잘라 끓는 물에 약간의 소금을 넣은 후 살짝
    데친다.
2   찬물로 헹궈 채반에서 물기를 제거한다.
3   양념장을 넣어 무친다.

#Tuna
#pumpkin

참치 채소볶음

ingredient

애호박 1/3개 • 참치 통조림 100g • 양파·파프리카 각 1/2개 •
다진 마늘 1/2순갈 • 참기름 1순갈 • 후춧가루·소금·참기름·통깨 약간씩 •
포도씨유 적당량

행복한요리사 요리제안
참치 통조림 국물은 따라 버린다.

how to make

1   호박은 반달 모양으로 썰어 소금으로 살짝 절인 뒤 물기를 거둔다.

2   양파와 파프리카는 채 썬다.

3   팬에 포도씨유를 두르고 양파, 호박, 다진 마늘을 넣어 볶는다.

4   3에 파프리카와 참치를 넣어 볶다가 소금, 참기름, 후춧가루를 넣고
     통깨를 뿌려 마무리한다.

#Onion
#Beet

비트 양파 장아찌

ingredient

양파 6개 · 비트 1/2개

초절임물 물 3컵 · 간장 2/3컵 · 매실청 2순갈 · 소금 4순갈 · 식초 2/3컵 ·
설탕 1.5컵 · 통후추·피클링 스파이스 각 1/3순갈

how to make

1   양파는 반으로 자른 다음 다시 4등분, 2등분한다. 비트도 양파와 비슷한
     크기로 썬다.

2   냄비에 초절임물 재료를 넣고 끓인다.

3   준비한 그릇에 양파와 비트를 넣고 2의 뜨거운 초절임물을 붓는다.

4   실온에서 반나절 정도 숙성한 후 냉장고에 넣어 두고 먹는다.

#A sesame leaf

깻잎김치

ingredient

깻잎 200g · 양파 1/2개 · 무 한쪽(80g) · 깐밤 3개 · 대추 3개 · 홍고추 2개
양념 찹쌀풀 1/4컵 · 까나리액젓 1순갈 · 간장 1.5순갈 · 고춧가루 1.5순갈 ·
다진 마늘 1.5순갈 · 설탕 0.5순갈 · 매실청 0.5순갈 · 생강즙 약간 ·
소금 한꼬집 · 통깨 약간

찹쌀풀 만들기
물 1.5컵에 찹쌀가루 2순갈을
넣고 거품기로 잘 섞은 후 끓여
식힌다.

how to make

1   손질된 깻잎을 씻은 후 물기를 뺀다.
2   양파는 반으로 잘라 곱게 채 썰고, 대추, 밤, 홍고추도 채를 썰어 준비한다.
    무는 4-5cm 길이로 썬다.
3   양념에 2를 넣고 고루 섞어서 소금으로 간을 맞춘다.
4   깻잎 2-3장을 겹친 위에 3의 양념을 얇게 펴 바른 후 통에 꾹꾹 눌러
    담는다.

#pumpkin
#pepper

새우젓 애호박나물

ingredient

애호박 1개 • 청·홍고추 각 1개 • 쪽파 1대
양념 새우젓 1/2순갈 • 다진 마늘 1/2순갈 • 참기름 1/2순갈 • 소금·통깨 약간씩

how to make

1   애호박은 반으로 자른 후 씨를 도려내고 얇게 반달 썰기한다.
2   1에 소금을 약간 넣어 호박을 10-15분 정도 절인 후, 물로 가볍게 헹구어
     물기를 꼭 짠다. 애호박 씨가 없을 경우, 그냥 반달 썰기한다.
3   청·홍고추는 씨를 제거한 후 채 썬다.
4   쪽파는 송송 썰고, 새우젓을 준비한다.
5   팬에 약간의 포도씨유를 두른 후 2, 3, 4의 채소를 넣고 볶다가 새우젓과
     소금으로 간한다.
6   통깨를 뿌린다.

\#Leek

\#A sesame leaf

영양부추무침

ingredient

영양부추 75g • 깻잎 8장 • 양파 1/4개 • 빨강·노랑 파프리카 각 1/4개 •
게맛살 3개
양념장 간장·식초 각 1.5순갈 • 고춧가루·깨소금 각 1/2순갈 • 참기름
1순갈 • 설탕 1¼순갈 • 다진 마늘 1/3순갈 • 연겨자 1/2순갈 • 통깨 1/2순갈

how to make

1   손질해서 씻은 영양부추를 먹기 좋은 길이로 썬다. 깻잎, 파프리카, 양파는
    채 썬다

2   게맛살은 손으로 찢거나 곱게 썰어 준비한다.

3   볼에 영양부추, 양파, 파프리카, 깻잎, 게맛살을 담고, 미리 만들어 둔
    양념장을 부어 살살 버무린다.

4   통깨를 뿌린다.

#A dried walleye

#Red pepper paste

북어채 고추장볶음

imgredient

북어채 1컵 반 • 송송 썬 쪽파 1/2숟갈 • 통깨 1/2숟갈

조림장 고추장 1숟갈 • 고춧가루 1/2숟갈 • 맛술 1숟갈 • 청주 2숟갈 •
참기름 1숟갈 • 올리고당 1숟갈 • 후춧가루 약간 • 다진 마늘 1/2숟갈 • 통깨 1/2숟갈

how to make

1   북어채는 1cm 크기로 잘게 자른 후, 찬물에 한번 헹구어 물기를 짠다.
2   올리고당을 제외한 조림장 재료를 넣고 한번 끓인다.
3   2의 조림장에 북어채를 넣고 약불에서 간이 배게 볶는다.
4   간이 배면 송송 썬 쪽파를 넣고 불을 끈다.
5   올리고당과 통깨를 넣어 버무린다.

\#Oyster mushrooms

\#Broccoli

브로콜리 느타리버섯볶음

ingredient

느타리버섯 150g • 브로콜리 120g • 다진 마늘 1/3순갈 • 다진 파 1순갈 •
참기름 1순갈 • 통깨 1/2순갈 • 소금·후춧가루 약간씩 •
포도씨유 적당량

브로콜리는 밑둥을 자른 후 먹
기 좋은 크기로 손질한다.

how to make

1   느타리버섯과 브로콜리를 각각 끓는 물에 약간의 소금을 넣어 데친 다음
    찬물에 헹궈 물기를 뺀다.
2   팬에 포도씨유를 두르고 버섯과 브로콜리를 살짝 볶는다.
3   2에 소금, 다진 마늘, 다진 파, 참기름, 후춧가루, 통깨를 넣고 버무려 간을
    맞춘다.

#Soy
#Radish

간장 무장아찌

ingredient

무(小) 1개 • 풋고추 3개 • 청양고추 3개 • 홍고추 1개
절임물 간장·식초 각 2/3컵 • 설탕 1/2컵 • 소금 2순갈 • 매실청 3순갈

고추씨를 제거하고 싶다면 1cm
크기로 썬 후 찬물에 헹궈 씨를
없앤 후 물기를 빼고 사용한다.

how to make

1   손질한 무는 길게 반으로 잘라 반달 모양으로 썬 다음 다시 1/2등분하고
    청·홍 고추는 1cm 크기로 썬다.
2   절임물 재료를 섞어 한소끔 끓인 다음 살짝 식혀 둔다.
3   밀폐용기에 무와 고추를 담고 2의 절임물을 붓는다.
4   3일 정도 지나 3의 절임물을 따라 끓여 식힌 후 다시 붓는다.

\#Bean curd

\#Baby greens

어린잎채소 두부무침

ingredient

두부 1모(300g) • 어린잎채소 1팩 • 홍고추 1개 • 감자전분 1-2순갈 •
포도씨유 적당량 • 소금 약간
양념 간장 2순갈 • 다진 마늘 1/3순갈 • 매실청 2순갈 •
고춧가루·참기름·통깨·맛술 각 1순갈 • 설탕 1/3순갈 • 소금 약간

행복한요리사 요리제안

• 어린잎채소 대신 달래나 돌나물, 영양부추 등 제철 채소를 넣어도 좋다.
• 두부를 잘게 썰어 튀기면 잔손이 많이 가므로 크게 튀겨 잘라 내면 편리하다.
• 튀긴 두부를 건져 낼 경우, 거름체에 올려 기름을 빼 두면 깔끔하다.

how to make

1   손질한 어린잎채소는 체에 밭쳐 물기를 제거하고, 홍고추는 잘게 다진다.

2   두부는 5등분한 후 소금을 약간 뿌려 10분 정도 두었다가 물기를
    제거하고 적당한 크기로 썬다.

3   1회용 비닐봉지에 2의 두부와 감자전분을 넣은 후 살살 흔들어, 전분이
    두부에 고루 묻을 수 있도록 한다.

4   팬에 포도씨유를 넉넉히 두르고 3의 두부를 앞뒤로 튀기듯이 구워 낸다.

5   볼에 튀긴 두부를 넣고, 1의 홍고추와 어린잎채소, 분량의 양념을 넣어
    가볍게 섞는다.

#Pepper

#Anchovy

꽈리고추 멸치조림

ingredient

멸치 80g • 꽈리고추 25개 • 통마늘 5개 • 올리고당 2순갈 • 청주 2순갈 •
통깨·소금·포도씨유 약간씩
양념 간장 2.5순갈 • 설탕 1.5순갈 • 참기름 1순갈

how to make

1   멸치는 마른 팬에 볶아 잔가루를 제거한다.
2   물에 씻은 꽈리고추의 물기를 제거하고 살짝 가위집을 낸다.
3   팬에 포도씨유를 두르고 편 썬 마늘을 볶다가 멸치를 넣고 청주를 뿌려서
    살짝 볶는다.
4   다른 팬에 포도씨유를 두른 후 꽈리고추를 넣어 볶다가 소금을 약간
    뿌린다.
5   팬에 간장, 설탕, 참기름을 넣은 후 끓어오르면 3, 4를 넣어 간이 배도록
    재빨리 볶는다.
6   불을 끄고 올리고당을 넣어 섞은 후 통깨를 뿌린다.

• 꽈리고추 고르기: 모양이 곧
고 연녹색의 꼭지가 시들지 않
은 게 좋다.
• 고추는 따로 볶아야 색이 변
하지 않고 간도 잘 밴다.
• 멸치의 비린 맛을 제거하려면
마른 팬에 멸치를 한번 볶는다.

#Bean

#Amchovy

잔멸치 콩조림

ingredient

잔멸치 100g • 검정콩 1컵 • 다시마물 1컵 • 청·홍고추 각 1개 • 포도씨유
3숟갈 • 올리고당 1.5숟갈

조림간장 간장 4숟갈 • 청주 1.5숟갈 • 다진 마늘 1/3숟갈 • 설탕 1/2숟갈 •
통깨 약간

how to make

1 검정콩은 물에 불려 물기를 빼고 청·홍고추는 씨를 뺀 후 곱게 채 썬다.
2 잔멸치는 체에 걸러 부스러기를 제거한 후 마른 팬에 살짝 볶는다.
3 냄비에 콩을 넣고 다시마물을 부어 끓인다. 콩이 익고 물이 거의 없어질
   정도로 줄어들면 잔멸치와 포도씨유를 넣어 볶는다.
4 3에 조림간장을 넣고 조린 후 채 썬 고추를 넣는다.
5 멸치와 콩이 다 익으면 올리고당을 넣고 버무려 윤기를 내고 통깨를
   뿌린다.

\#Seaweed

\#Cucumber

다시마 오이무침

ingredient

다시마 100g • 오이 1/2개 • 당근 1/2개 • 소금 약간
양념 진간장 1순갈 • 고춧가루·설탕·매실청·식초·통깨 각 1/2순갈 •
다진 마늘 1/3순갈

행복한요리사 요리제안

염장다시마: 소금에 절여 놓은
다시마

how to make

1 염장다시마를 물에 씻어 소금기를 제거하고 물에 담가 두었다가 물기를
  뺀다.
2 끓는 물에 1의 다시마를 살짝 데쳐 찬물에 헹군 후 물기를 빼고 먹기 좋은
  크기로 썬다.
3 당근과 오이는 길이로 반을 가른 후 어슷 썬다.
4 다시마, 오이, 당근을 한 데 섞고, 분량의 양념을 넣어 무친 다음 소금으로
  간을 맞추고 통깨를 뿌린다.

#The stalk of a garlic

#Prawn

마늘종 보리새우볶음

ingredient

햇보리새우 50g • 마늘종 200g • 포도씨유 적당량 • 통깨·후춧가루·소금 약간씩
양념장 간장 2순갈 • 청주·맛술·올리고당 각 1순갈 • 설탕 1/2순갈

how to make

1   마늘종을 깨끗이 씻어 먹기 좋은 길이(3-4cm 정도)로 자른다.

2   끓는 물에 1의 마늘종을 약간의 소금과 함께 넣고 파랗게 데친 후 찬물에
    헹궈 물기를 뺀다.

3   양념장을 만든다.

4   보리새우는 잔가루를 체에 쳐서 제거한 후 마른 팬에 살짝 볶는다.

5   팬에 포도씨유를 두르고 보리새우와 마늘종을 볶는다.

6   5에 양념장을 넣어 타지 않게 중불에 볶은 후, 통깨와 후춧가루를 넣어
    맛을 낸다.

#A green onion

#Eggs

실파 달걀볶음

imgredient

실파 한줌 • 달걀 2개 • 다진 마늘 1/3순갈 • 깨소금 1/2순갈 •
소금·포도씨유·참기름 약간씩

how to make

1   손질한 실파는 먹기 좋은 길이로 썰고, 달걀은 깨뜨려 볼에 넣고 고루
     섞는다.
2   팬에 포도씨유를 두르고 실파를 넣어 볶다가 다진 마늘과 소금으로 간한다.
3   다른 팬에 미리 풀어 놓은 달걀을 넣어 스크램블 만들 듯 살짝 익힌다. 2의
     실파를 넣고 고루 버무린 후 깨소금과 참기름을 넣는다.

#Cuttlefish

#Red pepper paste

오징어 고추장구이

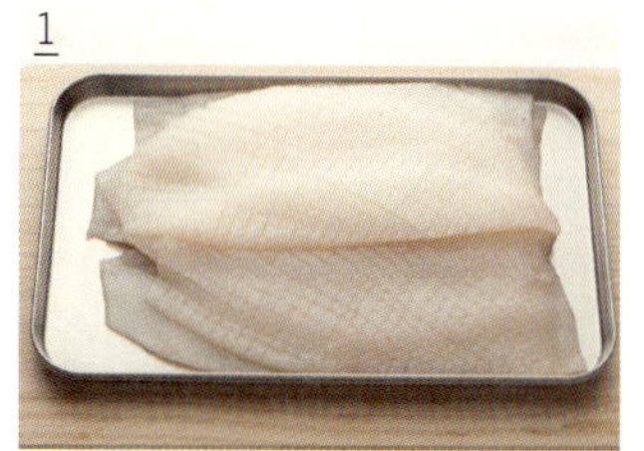  

ingredient

오징어 3마리(몸통) · 통깨 약간

양념 고추장 3순갈 · 간장 1순갈 · 설탕 1/2순갈 · 매실청 1순갈 ·
청주 1순갈 · 생강즙 약간

기호에 따라 고추를 송송 썰어
넣어도 된다.

how to make

1   손질한 오징어를 세로로 이등분한 후 칼집을 넣는다.

2   1의 오징어에 분량의 양념을 발라 재운다.

3   팬이나 석쇠에 살짝 구워 먹기 좋은 크기로 잘라 낸다.

\#Cucumber

\#Beef

오이갑장과

ingredient

오이 2개 · 쇠고기 100g · 표고버섯 3장 · 포도씨유·소금·통깨·홍고추채
적당량 · 후춧가루·참기름·깨소금 약간
양념 간장 2순갈 · 다진 파 2순갈 · 다진 마늘 1순갈 · 다진 생강 1/3순갈

how to make

1 고기는 곱게 채 썰고, 불린 표고버섯은 물기를 짠 후 채 썬 다음 분량의
   양념으로 무쳐 둔다.

2 오이는 4-5cm 길이로 토막 낸 후 길이대로 6-8등분한 후 씨를 도려 낸다.

3 2의 오이를 소금물에 1시간 정도 절인 후 물에 헹군 다음, 베보자기나
   면포에 싸서 물기를 꼭 짠다.

4 팬에 포도씨유를 두르고 1의 고기와 표고버섯을 볶는다.

5 다른 팬에 포도씨유를 넣고 팬이 뜨거워지면 3의 오이를 넣어 센불에서
   볶는다.

6 5에 4를 넣고 참기름, 깨소금, 홍고추채를 넣어 한번 더 볶은 후 넓은
   그릇에 펴서 식힌다.

\#Shrimp

\#Marrow

새우 호박나물

ingredient

새우 60g • 애호박 1개 • 포도씨유 적당량 • 통깨·소금 약간
새우 양념 간장 1/2순갈 • 올리고당 1/2순갈

how to make

1   호박을 이등분한 다음 반달 모양으로 썬다.
2   호박을 10분가량 소금에 절인 후 물기를 짠다.
3   새우의 잔가루를 체에 쳐서 제거한다.
4   팬에 포도씨유를 두르고 호박을 볶아서 식힌다.
5   팬에 포도씨유를 두르고 새우를 볶다가 간장과 올리고당을 넣고 볶는다.
6   5에 호박, 통깨를 넣고 섞어 접시에 담는다.

#Dried white bait

뱅어포볶음

ingredient

뱅어포 3장(20g) • 포도씨유 적당량 • 실파 2-3대 • 후춧가루·참기름·통깨 약간
양념 간장·고춧가루·설탕 각 1.5숟갈 • 올리고당 1숟갈 • 다진 마늘 1/2숟갈

행복한요리사 요리제안

뱅어포는 1장당 약 30조각이 먹기 편하다.

how to make

1   뱅어포는 먹기 좋은 크기로 자르고, 실파는 송송 썬다.
2   팬에 포도씨유를 두르고 뱅어포를 넣어 살짝 볶다가, 준비해 둔 분량의
    양념을 넣어 약불에서 잘 섞는다.
3   실파와 통깨, 참기름을 넣고 버무린 후 접시에 담는다.

\#Lotus root

\#Walnut

연근 호두 마늘조림

ingredient

연근 1/2개 · 식초 1숟갈 · 호두 반컵 · 통마늘 5개 · 파프리카 1/4개 ·
꿀 2.5숟갈 · 참기름 1숟갈
양념장 물 1/2컵 · 간장 5숟갈

how to make

1   연근의 껍질을 벗기고 모양대로 얇게 썰어 끓는 물에 식초 1숟갈을 넣어
    살짝 데친다. 호두는 마른 팬에 살짝 볶는다.
2   마늘은 편으로 썰고, 파프리카는 3cm 길이로 채 썬다.
3   냄비에 양념장의 물 1/2컵과 간장 5숟갈을 넣고 끓으면 연근을 넣는다.
4   연근에 간장색이 들면 호두를 넣고 조린 다음, 꿀과 참기름, 파프리카와
    마늘을 넣어 윤기 나게 조린다.

\#Tuna

\#Tofu

참치 두부 고추장

ingredient

참치 통조림 1/2개(100g) · 두부 1/4모

양념 다진 마늘 1순갈 · 참기름·맛술·꿀 각 2순갈 · 고추장 7순갈 · 통깨 1순갈 ·
후춧가루 약간

how to make

1   참치는 국물을 제거한다. 두부는 면포에 물기를 짜서 준비한다.

2   냄비나 팬에 참기름을 두른 후 다진 마늘을 넣어 볶다가 1의 참치와 두부,
     분량의 맛술, 후춧가루를 넣고 볶는다.

3   2에 고추장을 넣고 볶다가 꿀과 통깨를 넣고 섞는다.

\#Pepper
\#Tofu

마른고추 두부볶음

ingredient

두부 1모 • 마른 홍고추 2개 • 마늘 3톨 • 생강 1톨 • 대파 3대 • 굴소스 1숟갈 •
두반장 1/2숟갈 • 청주 2숟갈 • 참기름·후춧가루·포도씨유 약간

how to make

1   대파를 1cm 크기로 썰고 마늘과 생강은 굵게 채 썬다. 마른 홍고추는
    잘게 자른 후 씨를 뺀다.

2   5등분한 두부는 마른 면포로 물기를 1차 제거하고, 소금을 뿌린 후 채반에
    밭쳐 다시 물기를 뺀다.

3   2의 두부는 키친타월로 물기를 닦아 낸다.

4   팬에 포도씨유를 두르고 두부를 넣어 노릇하게 부친다.

5   팬에 포도씨유를 두르고 고추와 마늘, 생강, 대파를 넣고 볶다가 적당히
    자른 4의 두부를 넣고 굴소스와 두반장, 청주를 넣어 볶는다.

6   참기름과 후춧가루를 넣어 맛을 낸다.

\#Eggplant

매운 가지 무침

ingredient

가지 2개 • 쪽파 2대 • 청·홍고추(청양고추) 각 1개
양념 국간장 1순갈 • 참기름 1/2순갈 • 다진 마늘 1/3순갈 • 깨소금 1/2순갈 •
소금 한꼬집

how to make

1   가지를 적당한 크기로 자른 후 볼에 담아 전자레인지에서 약 3분간
    익힌다.
2   청양고추는 채 썰고, 쪽파는 송송 썰어 준비한다.
3   1과 2, 그리고 분량의 양념을 넣어 잘 섞는다.

#Balloom flower root

도라지조림

ingredient

도라지 300g • 잘게 썬 실파 적당량 • 통깨 조금
양념 간장 4.5숟갈 • 청주 3숟갈 • 고운 고춧가루 2/3숟갈 •
매실청·설탕·올리고당 각 1.5숟갈

how to make

1   도라지는 껍질을 벗겨 소금을 넣은 끓는 물에 데친 후 체에 받쳐 물기를
    뺀다.
2   3-4cm 크기로 도라지를 자른 후 도라지가 잠길 정도의 물과 분량의
    양념을 넣고 중간 불에 뒤적이면서 졸인다.
3   국물이 거의 없어지면 그릇에 담고 실파와 통깨를 뿌린다.

도라지가 큰 경우 머리 부분을
1/2나 1/4 정도로 갈라 두면 먹
기 편할 뿐 아니라 간도 고루
스며들 수 있다.

도라지 껍질 쉽게 벗기는 방법
도라지를 물에 잠시 담갔다가
깨끗이 씻어 둔 양파망으로 문
지르면 잘 벗겨진다.

#Anchovy

#Nut

잔멸치 견과볶음

ingredient

잔멸치 1.5컵 • 땅콩 50g • 호박씨 30g • 청·홍고추 각 1/2개 • 양파 1/4개 •
포도씨유 적당량 • 올리고당 1순갈 • 참기름·통깨 약간씩
볶음양념장 간장 1순갈 • 청주 2순갈 • 설탕 1.5순갈

how to make

1 잔멸치와 땅콩, 호박씨는 팬에 살짝 볶아서 준비하고 분량의 재료를 넣어
   볶음 양념장을 만든다.
2 팬에 포도씨유를 두르고 다진 양파와 잘게 썬 청·홍고추를 넣고 타지
   않게 볶는다.
3 2에 잔멸치와 땅콩, 호박씨를 먼저 넣어 볶은 후 볶음양념장을 넣어 함께
   볶는다.
4 참기름과 올리고당을 넣어 맛을 내고 통깨를 뿌린다.

#Oyster mushroom
#Red pepper paste

애느타리버섯 고추장볶음

ingredient

애느타리버섯 150g • 양파 1/2개 • 포도씨유 약간

고추장볶음 양념 고추장 2숟갈 • 다진 파 1숟갈 • 다진 고추 1/2숟갈 •

참기름 1/2숟갈 • 깨소금 1/2숟갈

how to make

1   끓는 물에 손질한 버섯을 데쳐 찬물에 헹군 후 물기를 뺀다.

2   양파는 채를 썰어 준비하고 고추장볶음 양념을 만든다.

3   볼에 데친 버섯과 양파채, 2의 고추장볶음 양념을 넣어 잘 무친다.

4   달구어진 팬에 포도씨유를 두르고 3의 애느타리버섯을 센불에 볶는다.

#Marrow

구운 호박무침

ingredient

애호박 1개 • 포도씨유 약간
무침양념장 간장 2순갈 • 다진 파 1순갈 • 다진 홍고추 약간 •
다진 마늘·깨소금·참기름·고춧가루 각 1/2순갈

how to make

1   애호박은 반달 모양으로 먹기 좋은 크기로 썬다.
2   팬에 포도씨유를 두르고 1의 호박을 지져 익힌다.
3   무침양념장을 만들어서 2의 호박에 넣고 살살 버무린다.

#Dried white bait
#Garlic

recipe
#33

뱅어포 통마늘구이

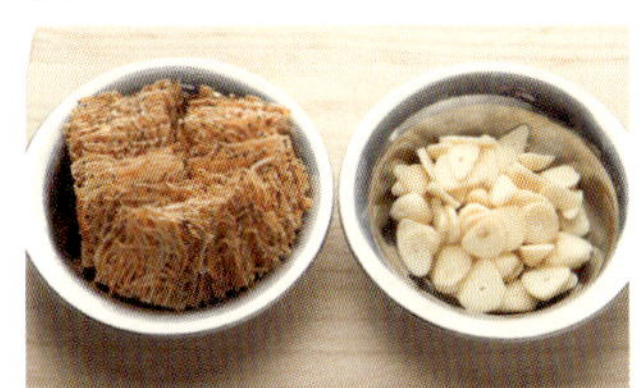

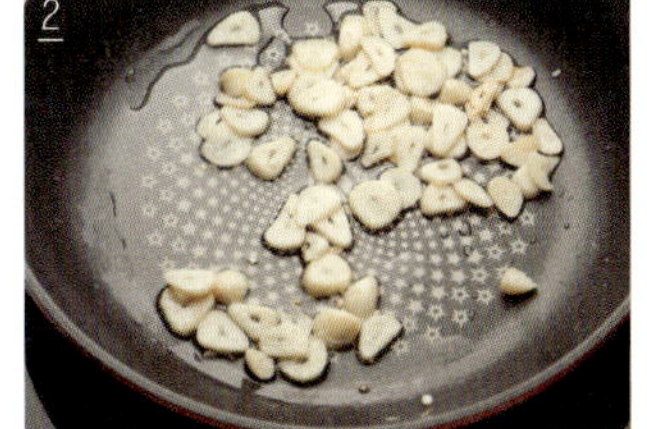

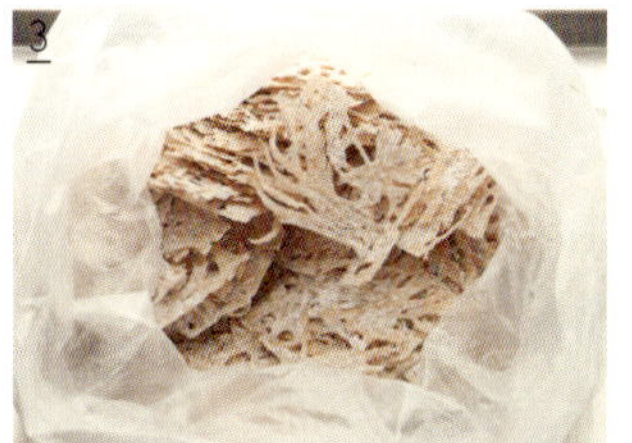

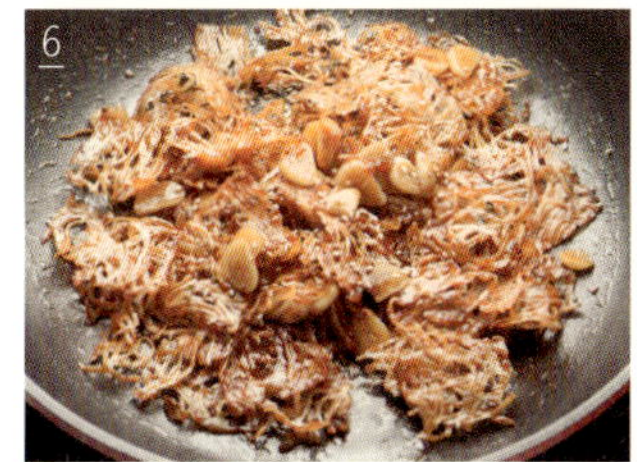

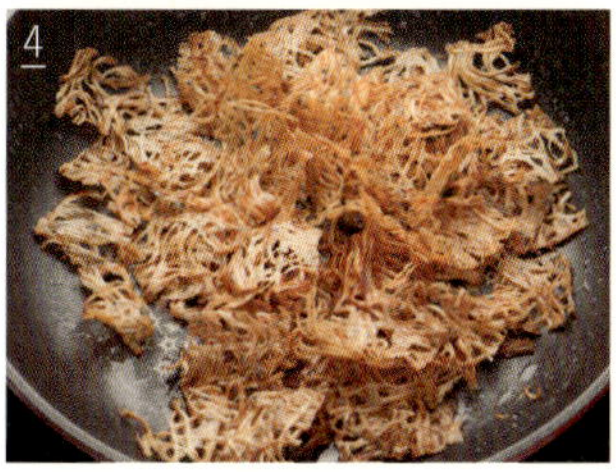

ingredient

뱅어포 3장 • 통마늘 10개 • 녹말가루 1순갈 • 포도씨유 적당량 • 통깨 약간
간장 양념 간장 2순갈 • 설탕·참기름·청주 각 1순갈 • 생강가루 약간

how to make

1 뱅어포는 먹기 좋은 크기로 자르고, 통마늘은 편 썬다.
2 팬에 포도씨유를 넉넉하게 두르고 1의 마늘을 볶은 다음 건져 낸다.
3 1의 뱅어포에 녹말가루를 뿌린다.
4 2의 마늘 볶은 팬에 녹말가루 뿌린 뱅어포를 넣어 튀기듯이 볶아 낸다.
5 간장 양념을 팬에 담고 한번 끓인다.
6 5의 간장 양념에 2의 마늘을 넣고 볶다가 뱅어포를 넣어 골고루 버무린 후 통깨를 뿌린다.

행복한요리사 요리제안

기름이 뜨거워진 이후에 뱅어포를 넣어야 한다. 볶다가 기름이 부족하다 싶으면 더 넣어도 괜찮다.

#Dried Alaskam pollack

황태강정

ingredient

황태 2마리 • 녹말가루 3순갈 • 통깨·쪽파 약간

황태 밑간양념 청주·생강가루·후춧가루 약간씩 • 포도씨유 적당량

양념장 고추장 4순갈 • 청주 2순갈 • 맛술 2순갈 • 올리고당 4순갈 •
다진 마늘 1/2순갈 • 참기름 1순갈

how to make

1   황태의 머리와 꼬리지느러미를 손질한다.
2   손질한 황태를 먹기 좋은 크기로 자른다. 자른 황태를 물에 불려 부드럽게
    만든 후 가시를 제거하고 물기를 뺀다.
3   2의 황태에 양념을 넣어 밑간한 후, 녹말가루를 골고루 묻혀 포도씨유를
    넉넉히 두른 팬에서 튀기듯이 익힌다.(중불)
4   양념장 재료를 팬에 넣고 끓인 후 3의 황태를 넣고 잘 버무린다.

황태 고르기
살이 노르스름하고 윤기가 나
며 비린내가 나지 않는 것

녹말가루 골고루 묻히는 방법
황태를 1회용 비닐봉투에 넣고
녹말가루를 넣은 후, 봉지를 살
살 흔들어 준다. 녹말가루가 황
태에 골고루 묻어야 예쁘게 튀
길 수 있다.

#Black tree fungus

#Paprika

목이버섯 파프리카볶음

ingredient

목이버섯 30g • 빨강, 노랑 파프리카 각 1/4개 • 양파(소) 1개 • 실파 6대 •
포도씨유 약간 • 소금·통깨 약간
양념장 간장 1순갈 • 다진 마늘·설탕 각 1/3순갈 • 깨소금·참기름 각 1/2순갈

목이버섯은 미리 간을 해서 손
으로 무쳐야 간이 잘 스며든다.

how to make

1 목이버섯은 물에 불린 후 깨끗이 씻어 물기를 제거하고, 먹기 좋은 크기로
   찢어 놓는다.
2 파프리카와 양파는 채 썰고, 실파도 같은 길이로 썬다.
3 양념장을 1의 목이버섯에 넣고 골고루 무친다.
4 팬에 포도씨유를 두르고 양파채, 목이버섯을 볶다가 파프리카와 실파를
   넣고 다시 한번 볶는다.
5 모자라는 간은 소금으로 하고 통깨를 뿌린다.

#Mussel

건홍합조림

ingredient

건홍합 1.5컵 · 쪽파 3뿌리 · 홍고추 1/2개 · 건홍합이 잠길 정도의
물 · 포도씨유 적당량 · 통깨 약간
양념 진간장 2순갈 · 올리고당 2순갈 · 맛술 1/2순갈 · 다진 마늘 1/2순갈 ·
생강가루 약간

how to make

1   건홍합은 여러 번 씻은 후 물에 담가 부드럽게 한 다음 꼭 짜서
    키친타월로 물기를 거둔다.
2   쪽파는 송송 썰고, 홍고추도 잘게 썬다.
3   달구어진 팬에 포도씨유를 두르고 홍합을 넣어 살짝 볶는다.
4   분량의 양념과 홍합을 넣고, 홍합이 잠길 정도의 물을 부어 약한 불에서
    서서히 조린다.
5   2의 쪽파와 홍고추를 넣고 마무리한 후 통깨를 뿌린다.

#Shrimp

마른 새우볶음

ingredient

마른 새우 100g • 포도씨유 2숟갈 • 올리고당 1숟갈 • 통깨 약간
볶음양념 간장 2숟갈 • 맛술 1숟갈 • 설탕 1/2숟갈 • 청주 1숟갈

how to make

1   마른 새우를 체에 밭쳐 이물질을 털어 낸다.
2   포도씨유를 두른 팬에 마른 새우를 넣고 볶는다.
3   다른 팬에 볶음양념을 넣고 끓이다가 2의 새우를 넣어 재빨리 볶는다.
4   올리고당을 넣어 버무린 다음 통깨를 뿌린다.

#Tenderloin
#Pepper

돼지안심살 꽈리고추조림

ingredient

돼지고기안심 300g • 꽈리고추 20개 • 물 6컵 • 양파 1개 • 대파 1대 •
꼬마새송이버섯 10개 • 마늘 10개 • 통후추 약간
양념장 청주 4숟갈 • 간장 8숟갈 • 설탕 2숟갈

행복한요리사 요리제안
끓일 때 떠오르는 불순물은 국
자로 건져 버린다.

how to make

1   돼지고기 안심은 4-5cm 크기로 썰어 물 6컵에 통후추, 양파, 대파를 넣고
    끓인다.

2   꽈리고추는 이쑤시개로 구멍을 낸다.

3   꼬마새송이버섯과 마늘은 깨끗이 씻어 준비한다.

4   1의 고기가 익으면 고기를 건져 저며썰고, 육수는 고운체에 걸러 따로
    보관한다.

5   4의 고기와 육수, 분량의 양념으로 만든 조림장을 함께 넣고 끓인다.

6   국물이 반 정도 줄어들면 3의 마늘과 버섯을 넣고 끓인다. 마지막에
    꽈리고추를 넣고 조린다.

#Deodeok
#Chestnut

더덕 밤 무침

ingredient

손질한 더덕 4개(약 180g) • 손질한 밤 10개 • 잣·통깨 약간 • 쪽파 3줄기
무침양념 고추장 2순갈 • 고춧가루 2순갈 • 다진 마늘 1/2순갈 • 설탕 1순갈 •
식초 2순갈 • 매실청 1순갈 • 올리고당 1/2순갈 • 깨소금·참기름 약간씩

how to make

1   더덕과 밤은 얇게 어슷썬다.
2   1의 더덕과 밤, 쪽파, 무침양념을 한 데 넣어 살살 버무린다.
3   2에 손질한 잣과 통깨를 넣어 잘 섞는다.

#Dried filefish fillet

쥐포볶음

ingredient

구운 쥐포 300g • 통깨 1숟갈

양념 고추장 3숟갈 • 올리고당 2숟갈 • 마요네즈 2숟갈 • 매실청 2숟갈 •
맛술 1숟갈 • 청주 2숟갈 • 포도씨유 5숟갈 • 다진 생강·다진 마늘 각 1/2숟갈

how to make

1   구운 쥐포를 먹기 좋은 크기로 자른다.
2   양념을 넣고 끓인다.
3   불을 약하게 한 후 2의 양념에 쥐포를 넣어 버무린 후 통깨를 넣는다.

행복한 요리사 Q&A

행복한 요리사의 하루 일상은? 아침형 인간인 남편은 휴일 관계없이 인시에 일어나 신문을 읽는 것으로 하루 일과를 시작합니다. 함께 살다 보니 따라 일어나야 하고, 격식 차려 아침상을 차려 내고 7시에 남편이 출근하면 블로그에 올릴 요리의 사진들을 올리고 글을 써서 9시쯤 올립니다.
답글도 쓰고 블친 블로그에도 방문하면서 틈틈이 집안일을 하죠. 가끔 다문화가정 생일 파티나 요리교실 때문에 외출하는 일 외에는 일상의 전업 주부들과 거의 비슷하답니다.
저녁엔 주로 다음날 올릴 요리들을 만들고 사진 찍고 치우다 보면 자정이 가까워져요.

새로운 밑반찬을 만들 때 아이디어는 어디서 얻나요? 지금까지는 친정어머니나 시댁에서 어른들이 하시던 것을 기억으로 더듬어 가면서 만들기도 하고 음식점에서 나오는 음식들을 눈여겨보기도 한답니다. 딸아이가 친구들하고 외식하면서 색다른 것이 있으면 사진으로 전송해 주기도 하고 여행지에서 만난 유명 맛집 주방장님께 열심히 질문하고 노하우를 전수받기도 한답니다.

가장 좋아하는 식재료는? 시어머님 살아 계실 때 항상 챙겨 주시던 참기름, 들기름, 깨소금, 고춧가루, 천일염, 들깨가루, 표고 가루입니다. 어머니의 손맛이 깃든 식재료처럼 맛깔스러운 게 없지요.

행복한 요리사가 가장 좋아하는 밑반찬은 무엇인가요? 솜씨 좋으신 할머님과 엄마가 만들어 주시던 황태포무침입니다. 손으로 잘게 찢어서 간장 양념에 무쳐 주시던 담백하고 고소한 그 맛을 잊을 수가 없습니다.

이 책에 소개한 40가지 밑반찬 중 단 하나의 밑반찬을 꼽으라면 어떤 것일까요? 풋고추 된장무침이요. 친정 엄마가 병원에 계실 때 가장 좋아하신 풋고추 된장무침은 만들기도 쉽고 엄마와의 마지막 추억이 담겨 잊을 수가 없습니다.

요리 초보자들에게 가장 추천하고 싶은 식재료는 어떤 것인가요? 파프리카와 브로콜리, 어린잎채소, 단호박, 부추, 달걀 등이 건강에도 좋고 여러 가지 요리를 만들 수 있어서 시장에 가면 빠지지 않고 꼭 사는 식재료입니다.

다문화가정 요리교실은 어떻게 운영되나요? 우리 딸 일본어 선생님을 통해 다문화가정과 인연을 맺게 되었어요. 가족의 건강과 가장 밀접한 식생활문화가 다르다 보니 가장 큰 애로일거라 생각되어 매월 1회 요리교실을 개최하게 되었습니다. 모든 경비는 협찬 없이 남편이 10년 넘게 후원해 주고 있습니다.
제가 올린 블로그를 보고 배우고 싶은 요리 4가지를 매월 첫째 주 토요일 오전 10시부터 2-3시간 정도 실습과 강의를 하면서 음식을 만듭니다. 다 만든 음식은 가족들을 초청해 함께 먹습니다. 방학 때는 어린이 요리교실을 별도로 운영하기도 합니다.

다문화가정 활동에 대해 좀 더 자세히 설명해 주세요. 지방자치 단체를 필두로 각종 단체에서 다문화가정에 대한 지원과 행사가 참으로 많은데 정작 그분들에게 필요한 것은 사랑과 정인 것 같습니다. 같은 땅에 살면서도 가장 그리운 분이 친정엄마였듯이 다문화가정들도 아마 그럴 거라 여겼습니다.

생일날 잊지 않고 작은 선물을 나누면서 함께 식사하고 어려운 가정들에겐 밑반찬을 만들어 나눔도 하고 어린이날, 입학식, 졸업식 때 등 이모나 언니같이 작은 마음으로 소통하고 있습니다.

Daum 블로그를 하는 이유는? 전업주부인 제가 블로그를 알 리가 없었지요. 한 달에 한 번씩 우리 음식을 만들어 함께 나누는 것이 다문화가정 요리교실의 전부였습니다. 어느 날 어떤 분이 저와 요리 실습을 할 때는 쉽게 따라 하는데 집에서 만들려고 하면 잘 안 된다면서 인터넷에 올려 주면 좋겠다는 부탁을 하시더군요.
한 달 가까이 고민하다 딸아이에게 부탁해 블로그를 개설했고 남편이 '사랑의 밥상'이란 블로그 이름을, 딸이 '행복한 요리사'라는 닉네임을 붙여 주었습니다. 그때부터 지금까지 블로그 활동을 하게 되었습니다. 목표가 뚜렷하니 오랫동안 지속할 수 있었던 것 같습니다.

Daum 블로그 활동에 얽힌 이야기 중 가장 추억하게 되는 에피소드는 무엇인가요? 밑반찬이나 생일상, 도시락 등이 메인에 노출되게 되면 판매를 하지 않겠냐는 전화가 많이 오는데 거리가 가까우면 좀 만들어 주고 싶다는 생각이 들 때가 있답니다. 직원들 야유회를 가는데 도시락을 만들어 달라는 주문이 들어올 때도 있습니다. 심지어 남편 친구들은 집사람이 돈을 많이 벌겠다고 한 턱 내라고 한답니다. 또 제 블로그를 보고 가산종합사회복지관에서 외국인과 지역 주민을 위한 요리 교실을 해 달라는 의뢰가 와서 1년간 재능기부를 한 적이 있었습니다.

PICKLE